一周番茄菜单计划，短短**7**天腰围马上瘦一圈！

番茄瘦身力

和平编辑部 编著

青岛出版社
QINGDAO PUBLISHING HOUSE

图书在版编目（CIP）数据

番茄瘦身力 / 和平编辑部编著. — 青岛：青岛出版社, 2016.7
ISBN 978-7-5552-3064-9

Ⅰ. ①番… Ⅱ. ①和… Ⅲ. ①番茄—减肥—食谱
Ⅳ. ①TS972.161

中国版本图书馆CIP数据核字（2016）第044477号

本著作通过四川一览文化传播广告有限公司代理，由汉湘文化事业股份有限公司
授权出版中文简体字版
山东省版权局版权登记号　图字:15-2015-265

书　　　名	番茄瘦身力
作　　　者	和平编辑部
出版发行	青岛出版社
社　　　址	青岛市海尔路 182 号（ 266061 ）
本社网址	http://www.qdpub.com
邮购电话	（ 0532 ）68068026　　13335059110
责任编辑	王秀辉
封面设计	潘　婷
照　　　排	青岛双星华信印刷有限公司
印　　　刷	青岛炜瑞印务有限公司
出版日期	2016 年 8 月第 1 版　2016 年 8 月第 1 次印刷
开　　　本	16 开（ 787mm×1092mm ）
印　　　张	6.5
书　　　号	ISBN 978-7-5552-3064-9
定　　　价	25.00 元

编校质量、盗版监督服务电话　4006532017　　0532-68068638
印刷厂服务电话：13864837986
本书建议陈列类别：美食　瘦身

Preface 序

近年来，番茄摇身一变成了美容保健的新宠儿，如番茄汁、番茄酱、番茄面膜、标榜着有番茄红素的保养品等，在食品业与保健业屡创销售佳绩。

番茄中的番茄红素（Lycopene），是一种植化素，也是一种很强的抗氧化剂。番茄红素不仅可以养颜美容、增进免疫力，还能预防癌症。因为番茄红素是属于脂溶性，所以煮熟的番茄糊以及番茄酱都比生食番茄使人更容易获得番茄红素。

番茄物美价廉，可当菜肴，亦可当水果，是老少皆宜的食品。本书可以说是番茄瘦身的专书，番茄迷们可千万不要错过！从认识番茄的成员、番茄的营养成分、番茄的选购到番茄低卡路里食谱都完整收录，同时也是健康爱美人士的最佳选择。

有了这本书，你也可以成为瘦得美丽健康的番茄达人。

第3单元

美味又健康的番茄餐

一起下厨一起瘦吧！

29

目 录

第 4 单元
懒惰也可以减肥！
随时随地补充番茄

79

第 5 单元
附　录

88

你不可不知的独家秘密

认识番茄

番茄近年来已经成为健康保健、美容瘦身的新宠儿。虽然说番茄到处可见，容易购得，但许多人对番茄的认识可能只是一知半解。在这个单元，我们将把番茄的历史、家族、营养与食用的好处通通告诉您！

Tomato

番茄的介绍

快来看看番茄的个人档案、历史由来与产季，了解后再来好好地利用吧！

■ 中文名：番茄
■ 英文名：Tomato
■ 学名：*Lycopersicon esculentum*
■ 俗名：西红柿、番柿、洋柿子
■ 盛产期：全年

■ 营养成分表（每100g）

热量	15 千卡	胡萝卜素	90 微克
水分	95.6 克	钙	8 毫克
蛋白质	0.8 克	磷	24 毫克
脂质	0.3 克	铁	0.8 毫克
碳水化合物	2.2 克		

番茄的历史

番茄（学名 *Lycopersicon esculentum*）是茄科中的番茄属，富含多种维生素，是世界上主要的蔬果之一。番茄原产于南美洲的西岸安第斯山的山区和峡谷地带，墨西哥和秘鲁印第安人在前哥伦比亚时期就已经开始种植并多次改良番茄品种。后期经传播，番茄在 16 世纪初进入欧洲，但一开始没人敢食用，并认为它是有毒的，只有地中海地区的人把番茄视为蔬果。哥伦布发现美洲以后，西班牙征服了墨西哥，将番茄种子带回欧洲，一直到 18 世纪才渐渐受到大家的喜爱。欧洲人称番茄为"爱的苹果"或"金苹果"。番茄不仅食用价值高，还具有药用价值。番茄性甘，味酸，微寒，具有生津止渴、健胃消食、清热解毒和降血压的功效。每天吃 1~2 个新鲜的番茄，就能够满足人体一天所需的矿物质和维生素。

番茄在中国的历史

番茄大约在明朝传入中国，当时称为"番柿"，因为酷似柿子、颜色是红色的，又来自西方，所以有"西红柿"的名号。从中国又传入日本，日本也称它为"唐柿"。而在历史上，中国人对于境外传入的事物都习惯加"番"字，于是又叫它为"番茄"。在中国台湾北部俗称"臭柿"，南部叫作"柑仔蜜"。现在番茄主要作为蔬菜食用，中国各地均普遍栽培，夏秋季出产较多，通常被认为是一种营养丰富的食品。

番茄的主要分类

按用途分　鲜食番茄品种、罐装番茄品种和加工番茄品种等。

按果色分　粉果番茄品种、红果番茄品种、黄果番茄品种、绿果番茄品种、紫果番茄品种、多彩番茄品种等。

按果形大小分　大果型番茄品种、中果型番茄品种、樱桃番茄品种等。

按果实形状分　扁圆形番茄品种、圆形番茄品种、高圆形番茄品种、长形番茄品种、桃形番茄品种等。

知识链接

番茄作为一种蔬菜，已被科学家证明含有多种维生素和营养成分，如番茄含有丰富的维生素C和维生素A以及叶酸、钾等营养元素。特别是它所含的番茄红素，对人体的健康更有益处。番茄红素具有独特的抗氧化能力，能清除自由基、保护细胞、美容、延缓衰老。多吃番茄可以使皮肤保持白皙、健康年轻。

番茄家族成员介绍

在番茄的世界有好多五彩缤纷的颜色，当然口感上也大不相同！想要知道世界上有什么奇形怪状的特殊番茄吗？它们又有什么功能和用途呢？从这里来深入了解一下吧！

🍅 白色系番茄

白色系番茄主要在美国、德国，作为改良品种，目前原产地已经无法确定了。白色系品种大多以大型的为主，也有少数小型的品种，像是德国的 Snow White Cherry Tomato 的品种等。白色系番茄主要产地在美洲，因为它相当耐旱。此外，白色系番茄香气较一般普通番茄浓郁，甜度也较一般番茄高，通常作为生食切片、沙拉、酱汁调味用，在亚洲是相当罕见的番茄种类喔！

🍅 黑色系番茄

大颗帅气黑色的番茄，目前有基因改良的小颗好入口的小黑番茄（黑樱桃番茄）。它们原产于厄瓜多尔西部的加拉帕戈斯群岛，经过当地蔬菜培养专家的改良，它可以在干燥的盐碱地区生长。果实呈紫黑色，味道较一般番茄甜，并具有浓郁的香气，它像红番茄一样也富含维生素 C、番茄红素等营养成分，据说还有增进性能力的特殊功效喔！

🍅 紫红色系番茄

紫红色系的番茄相传为番茄最原始的原生颜色之一，大多产于墨西哥、美洲等地，俄罗斯也有偏粉色系的大型紫番茄。由于原生于高山，甜味相当特殊。另外，也有品种改良的大型紫红色番茄，如 Jerry's German Giant Tomato，最大可达 1 千克以上，适合用来做罐头与生食，在亚洲也较少见。

🍅 绿色系番茄

绿色系番茄有熟透漂亮的大型、小型绿色番茄，也有中型带有白色条纹的绿色系番茄，尤其绿色带白色条纹的绿斑马（Green Zebra），是很漂亮的一个品种。目前市面上有售绿斑马番茄种子，是来自美国加州的品种，深受园艺农家的喜爱。绿色系番茄比传统红色番茄味道酸，确切的原产地不明，目前市面上可见的品种大部分都来自于美国，不过有一种小型的绿番茄 Aunt Ruby's German Cherry Tomato，是来自德国的罕见品种喔！大致来说，绿色系番茄的味道酸甜爽脆，适合用来生食或做成沙拉。

🍅 黄色系番茄

黄色也是番茄的基本颜色，目前市面上除了常见的小果种黄色番茄之外，也有各式各样的大型、中型黄番茄喔！原产于俄罗斯的 Russian Plum Lemon Tomato，因颜色可爱鲜艳接近白色的柠檬黄与酷似柠檬的外形，为它赢得了这样的名称。通常栽种于寒冷的气候，适合作黄酱以及沙拉装饰。此外，原产于美国的 Yellow Pear Tomato，也是一种耐寒的番茄品种，它富含大量的维生素及其他营养物质，成为欧美蜜饯、酱汁以及生菜沙拉的爱用之品。

🍅 多色系番茄

番茄除了单一颜色之外，也常常会出现两种颜色的双色系番茄，混搭了各种不同颜色，如产于欧洲的 Vintage Wine Tomato，它拥有淡粉红底色的底部与锯齿状金色条纹，果肉却是呈现粉红色喔！口感相当温润，是相当罕见的品种。此外，相当出名的 Ananas Noire Tomato 也是比利时所产的特色番茄之一，外观的颜色是由漂亮的玉绿色、紫色与黄色相间而成，肉质却是明亮的绿色带深红条纹，有特殊的甜味与柑橘香味，通常主要以生食为主。

🍅 粉色系番茄

粉色系番茄在中国台湾主要以俗称桃太郎的品种为主，它的特色是肉质较软且粉，表皮相当薄。1960—1980 年，是由日本关西地区滋贺县的农场经过长期培育，在 1982 年上市的新品种。特点是外观尾端有尖尖凸起。目前日本所生产的番茄，桃太郎就占了 85%，是相当受欢迎的番茄品种。肉质软且粉，适合用来生食或料理。除了桃太郎之外，美洲也有粉色系番茄的品种，如美国的 Brandywine Tomato，就是粉色系的番茄品种，大多用于制作罐头。

🔍 知识链接

国内目前有贩卖、种植的番茄品种，主要分成小果类和大果类，颜色主要以粉色、黄色、红色等为主要生产的品种。虽然这里介绍的品种很多国内都没有进口，不过国内种植的番茄营养成分绝对不输给国外品种喔！

大揭秘！
番茄营养成分

番茄是这么备受世界宠爱的食物，它的魅力到底在哪里呢？除了美味之外，还有什么其他特点让大家为它疯狂呢？往这边看下去就知道了。

聪明吃番茄，营养又健康

番茄主要营养成分有纤维素、钙、磷、铁、锌、胡萝卜素、蛋白质、脂肪、碳水化合物、维生素 B_1、维生素 B_2、维生素 C 等，其中维生素 C 含量比西瓜高 10 倍。除此之外，番茄还含有防治高血压、脑出血的维生素 P 和促进幼儿生长发育的钙、磷、铁、锌等矿物质，特别含有抑制细菌的番茄红素（Lycopene）。

在这里要小小地夸赞一下番茄的番茄红素，它本身具有很强大的抗氧化能力，是类胡萝卜素中最强的。它不像其他营养素容易在烹调中流失，反而经过加热之后，更容易被人体吸收。它还可以对抗、消除人体里面的自由基。

有研究证实，常吃含有番茄红素的产品可减少患癌症、糖尿病等的风险，还能预防心血管疾病、延缓肌肤老化，并有增强人体免疫力的功效。

小番茄和普通大番茄相比，哪一种营养比较高？

有专家指出，小番茄的营养价值比大番茄更高一些。番茄对人体有益的成分主要是番茄红素，因为这类物质主要存在于番茄的外层部分，包括外层组织、叶片以及果皮当中，这部分组织受阳光照射充足。由此可见，果皮愈多的果实，营养价值愈高。因此，小番茄的类黄酮含量高于普通大番茄，因为它的表皮和阳光的接触面比较大。所以，购买番茄时不是挑愈大的愈好喔！

知识链接

通常黄色系列的番茄，含有较高的胡萝卜素，但是其相对的番茄红素就比红色品种番茄少很多。黄色系番茄所含的胡萝卜素除了可以预防癌症与动脉硬化等疾病外，更是减肥与美容的圣品。而番茄除了有胡萝卜素之外，番茄红素也是抗老化的圣品，它的作用甚至比胡萝卜素高两倍以上。不管是哪一种番茄，其实都是十分有营养的。所以，想要青春永驻，多吃番茄就对了！

番茄对身体的好处

脸

不管是男生还是女生，都希望自己拥有看不出真实年龄的肤质与外貌。那就多吃番茄吧！根据研究发现，番茄中还含有一种抗癌、抗衰老的物质——谷胱甘肽（Glutathione, GSH）。临床测定，谷胱甘肽是重要的抗氧化剂，同时还可以延缓肌肤细胞的老化喔！番茄还含有各种维生素，能有效防止脸部肌肤老化，看起来更年轻。

全身

番茄中含有相当多样化的维生素，如维生素 A、维生素 C、维生素 D、维生素 E 等，除了可以让我们拥有水嫩 Q 弹的皮肤之外，番茄还含有能促进体内脂肪代谢的维生素 B_6。所以，美丽就从吃番茄开始吧！

肠

减过肥的人一定都知道，良好的"新陈代谢"是瘦身的一大关键！想要美丽迷人的身材与可爱的体重数字，绝对不能忽视体内的"新陈代谢"。番茄内所含的果胶膳食纤维，也就是所谓的"减肥纤维"，它可以帮助身体将多余的胆固醇排出体外，让排便更加顺畅，促进新陈代谢，而且可以加速胃肠蠕动，减少粪便与毒素在肠内堆积，防止脂肪在体内形成，能瘦得窈窕又健康。

子宫（或是腹部）

常常听到许多减肥瘦身的人有营养不良、贫血、头晕的症状，持续食用番茄就可以改善这些问题喔！番茄内含铁质，可以说是女孩们最好的朋友。此外，内含的苹果酸、柠檬酸成分，有助于消除疲劳，让我们在减肥的同时也不会感到精神不济。

你一定要知道的番茄

7 大好处！

常常吃到番茄，却不知道它的好处有哪些吗？小小的一颗番茄，却有这么大的魔力，现在就让我们来揭开它隐藏的秘密吧！

Good 1

吃番茄，增进食欲

在炎热的夏天，常常感到没食欲吗？番茄内含的柠檬酸具有促进胃液分泌，增加食欲的作用；它自然的甜味是大脑和神经重要的能量来源，对消除一整天的疲劳有很大的帮助。夏天没胃口或是精神不济时，就来一颗美味的番茄吧！

Good 2

吃番茄，打造 Q 弹水嫩肌

肌肤保养是每个女生都在乎的问题。番茄维生素的含量非常丰富，像是维生素 C 和维生素 E 能有效防止脸部肌肤老化、维生素 P 使肌肤紧实、B 族维生素有美肤的作用……番茄对爱美的女性来说是不可或缺的蔬果喔！

Good 3

吃番茄，缓解便秘问题

造成便秘问题的原因很多，像是纤维素摄取不足、长期熬夜、习惯性忍住便意等。长期便秘而不去解决，可能还会导致大肠癌的发生。番茄中含有丰富的膳食纤维，不仅可以预防便秘还能改善腹泻状况，是打击便秘问题的好帮手！一天一颗番茄，便秘远离你。

Good 4

吃番茄，帮助睡眠

在竞争愈来愈激烈的工作环境下，常常因压力大而难以入眠。番茄富含的营养素可以缓解压力，丰富的褪黑激素可以让你睡眠周期正常，睡个好觉。这样一来，还可以避免熬夜造成新陈代谢减缓的问题。

Good 5

吃番茄，预防衰老

番茄能预防衰老的重要因素就是番茄红素，番茄红素抗氧化能力是维生素 E 的 10 倍，可以说是防止身体衰老最佳的食物了！

Good 6

吃番茄，让你瘦得漂亮

国内有研究报告显示，番茄是最健康又最不容易发胖的蔬果，高纤、低糖、低 GI 值，是体重控制者最理想的食物。可以搭配番茄入菜的料理有很多，像是主食、汤品、沙拉和甜点等，完全满足你的味蕾。

Good 7

吃番茄，消除水肿问题

很多人都在问："如何才能消除水肿呢？"其实只要抓到一个诀窍，就是消水肿＝排钠。造成水肿多半是因为体内的钠含量过高，一旦钠离子过高，就会把水保留在体内，形成水肿。番茄含有丰富的钾，有助于排出体内多余的盐分，以维持电解质的平衡，晚餐不妨自己做一锅番茄蔬菜汤，低卡、健康又美味。

番茄选购停看听

市面上有各式各样的番茄，品种与价格却大不相同，所以该如何选购新鲜的番茄呢？本章告诉你挑选新鲜番茄的小技巧、清洗与保存的技巧，并提供购买番茄的方法，让你对番茄了如指掌！

Tomato

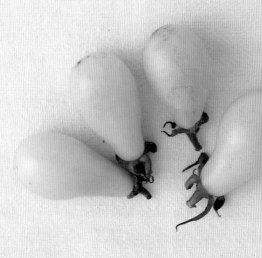

完 全 掌 握
挑选新鲜番茄的小技巧

番茄的品种相当多样，在挑选方法上也会因为品种的关系而有所不同。不过，只要掌握住几个小技巧，果实的外观、大小、软硬与完整性，都透露着番茄新不新鲜喔！学会以下的挑选三步骤，美味的新鲜番茄就唾手可得了。

番茄挑选三步骤

摸一摸　　果肉的硬度要软硬适中

番茄的好坏可以从果肉的软硬程度来判断，新鲜的番茄用手指头轻压时，应该是要有扎实饱满的感觉，太硬或太软都不适合选购。如果压下去过于软、出现凹陷或是表面果皮有皱褶，就代表已经过于熟烂了；如果压下去过于硬、颜色较青的话，代表还没成熟，可能要放一阵子才能食用。

用手指轻压试试看，
如果出现凹陷、皱褶表示过熟了。

 知识链接

番茄品种种类相当多，不同颜色的番茄品种营养成分不尽相同。呈鲜艳红色的番茄富含番茄红素，对预防癌症有很大好处；橙色的番茄红素含量少，但是它的胡萝卜素含量高一些；粉红色的含有少量番茄红素，胡萝卜素也很少；浅黄色的番茄则含少量的胡萝卜素，但不含有番茄红素喔！

闻一闻　　果形有香气

想知道番茄够不够新鲜，可以拿起来轻轻闻一闻，通常闻得到淡淡的香味，就表示番茄的新鲜度与成熟度刚好适合食用，尤其是大型番茄品种香气更是明显。

看一看　蒂头与花萼的部分
颜色要鲜绿、深绿

在挑选番茄的时候，第一眼就是要看它的蒂头与花萼。因为蒂头可以展现出水果摘采时的新鲜度，通常是呈翠绿、深绿色，如果有枯黄萎缩的现象就代表番茄的新鲜度不够。

翠绿的蒂头。

枯黄萎缩的蒂头。

果形要饱满圆润

番茄大小刚好，
表面红润饱满是最佳的选择。

好的番茄通常会呈现光润的色泽，表面最好不要有裂痕与斑点，无挤压外伤或萎缩者为最佳。果形要呈现漂亮的球状，因为外形看起来扁扁的有可能是空心的喔！

通常像牛番茄等大型番茄，愈红愈成熟，其所含的番茄红素就愈多。而且可以注意看一下番茄底部的放射状条纹与蒂头，蒂头中心较大、放射状条纹愈明显表示愈新鲜！

番茄清洗、保鲜小技巧

学到了挑选番茄的要领，当然就要进入清洗这一步了。该怎么清洗，才能吃得安心？买回家的番茄又该如何保存，才能让它不变质？这里一次告诉你！

用清水清洗番茄就对了

目前国内栽种的番茄，不至于有农药残留表皮，所以番茄买回家清洗方式其实很简单。先用清水浸泡，如果是小型番茄在浸泡数分钟后，再用流水冲洗每一颗小番茄，5~10分钟后，果实呈现明亮没有灰尘的样子，再将蒂头拔除就可以啦！大型番茄也是直接浸泡数分钟后用流水清洗即可。

知识链接

用流动水冲洗时，位置低于水龙头15~20厘米，这样水的冲击力较强，能增强清洗效果。

❶ 连同蒂头一起洗

流水清洗番茄的时候，为了避免清洗过程果实内部受到污染，所以连同蒂头一起清洗。洗净之后再将蒂头取下。

❷ 清水浸泡时间不要太长

无论是番茄还是任何蔬果类，清水浸泡时间为5~10分钟即可，如果还不放心或是要生食的话，最后再用饮用水冲洗一遍就可以了。

步骤 1
将从市场买回来的番茄用清水浸泡 5~10 分钟。

步骤 2
再用流水将番茄一个一个仔细冲洗干净。

步骤 3
最后拔除蒂头，就完成了。

番茄保鲜小技巧

似乎很少有人知道番茄的保存方式。这边教给大家简单又便利的番茄保鲜方法，让大家可以吃得新鲜又美味！

> **知识链接**
>
> 如果想要让番茄保存更久的时间，买来的新鲜番茄先不要泡水清洗，可先放置冰箱蔬菜储存槽内保存，等到要吃的时候再拿出来清洗，在挑选的时候也要注意食用的时间，尽量食用新鲜的喔！

❶ 还没成熟的番茄保存

相信大家一定有经验，为了想要让番茄存放比较久，通常会挑一些带有绿色或还没完全熟透的番茄。保存未成熟的番茄不放在冰箱存放也是可以的，直接放在室温下让它逐渐成熟。

❷ 熟透的番茄保存

保存完全熟透或是料理剩下的番茄一定很困扰吧！因为一不小心可能就会因为过熟而烂掉了！处理这种番茄的时候，将蒂朝下，要用保鲜膜或是密封袋装好后，放入冰箱蔬菜储存槽内即可。

步骤 1
将成熟的番茄蒂朝下，放入保鲜盒中。

步骤 2
用保鲜膜将番茄封装好。

步骤 3
将封装好的番茄放入冰箱蔬菜储存槽内即可。

购买新鲜番茄

在哪里可以买到最新鲜的番茄呢？跟着我们一起逛街采购吧！新鲜的番茄按图索骥就可以找到了。

在超市或是传统的市场就可以买到美味番茄

目前番茄栽培品种大多都是鲜食大果，番茄的产季通常一年四季都有，大约于每年10月或隔年6月开始采果。

目前在市场上比较常见的品种有圣女果、娇女、淑女、秀女、金玉、鹅蛋黄金、奇异果番茄、桃太郎、小黄金系列、灯笼番茄、牛番茄、黑柿、黄番茄、小金甘、圣女小番茄、黄金小圣女、娇女小金甘等品种。从现在开始，仔细地在你家附近的超市或是传统市场找找看，说不定还有更多新鲜特殊的新品种喔！

🍴 超市与传统市场里的新鲜番茄。

大忙人也可以吃到新鲜番茄

工作、上课每天都好忙！根本没时间去买美味又新鲜的番茄，该怎么办呢？这边告诉你，只要键盘鼠标动一动，美味的番茄一样可以为忙碌的人们补充营养，并让你维持窈窕好身材！

★ 便利商店的季节性贩售

为了方便，便利商店也开始卖起番茄了。除了小包的番茄之外，生菜沙拉内也含有番茄，即使没有时间做番茄料理，也可以轻轻松松得到番茄的营养喔！

提醒一下：
....

因为番茄属于季节性的水果，并非常置性商品，为了维持水果质量新鲜，所以产季结束或是上游供应结束，可能就买不到了。如果中午休息时间在便利商店内看到番茄的话，可以买一包来尝鲜喔！

农场内的新鲜番茄

　　除了超市跟传统市场买得到健康美味的番茄之外，其实在农场里也可以亲自享受采摘番茄的乐趣。快去体验看看最好玩的番茄农场之旅吧！

{ 番茄采收的秘诀 }

步骤 1

先选择自己想要的番茄成熟度，番茄的颜色愈深代表愈成熟。

步骤 2

选定番茄后仔细观察蒂头上会有一个突起的关节，一手抓住番茄，一手抓住蒂头，在关节处轻折即可。

步骤 3

番茄因为采摘下来后还会变更红，可以选择颜色较淡的果实，以存放较长的时间。

🍅 提示！ 千万不要整株用力拉扯,这样番茄会因受伤而死掉。

{ 在农场内采番茄的注意事项 }

❶ 禁止使用剪刀

　　果园内长期以无毒方式来栽种，而剪刀容易夹带病毒，造成植株相互感染，所以果园内是禁止使用剪刀的。

❷ 采果禁止边采边吃

　　在园区内禁止边采边吃，因为吃剩的番茄果皮和蒂头留在园区内会滋生小虫。

第**3**单元

美味又健康的**番茄餐**

一起下厨
一起瘦吧！

Tomato

吃番茄可以变瘦是众所皆知的事情，但是如何用番茄料理出营养又美味的食谱，那就是一门大学问了。本章将会告诉你番茄的功效，并设计出低于 500 千卡简单易做的番茄蔬果汁、番茄主食瘦身餐、番茄甜点、沙拉……揭开你从不知道的番茄美味料理秘密。

什么!?

煮熟的番茄
比较营养!

随手拿了就可以吃的番茄，还有其他方法可以让它营养再提升吗？其实，只要一点点小小的技巧，除了美味升级，番茄的营养也会提高呢！

前面有介绍到，番茄最大的优势是它含有丰富的番茄红素（Lycopene），可是不同的吃法与处理方法，也会影响到番茄红素的吸收，在这里将会把番茄吃法的优势分享给大家。

煮熟后的变化，让营养健康更加倍！

番茄内所含的番茄红素主要存在于番茄的果肉和表皮。由于番茄红素为不饱和脂溶性类胡萝卜素，与油脂混合后番茄会释放出更多的番茄红素。因此，在料理的时候，反而会促使番茄红素的溶出，最高可达到生食的 1.6 倍，甚至能把癌细胞杀死，以达到抗癌的功效。加工过的番茄制品如番茄酱、番茄汁、意大利面酱等，其中番茄红素的生物有效性比新鲜番茄还要高，这也是番茄跟其他蔬果不同的地方。

🚚 烹饪番茄的注意事项

❶ 番茄最常被做成沙拉来食用，它除了可以炒、炖和做成汤外，还可以做成甜点和果汁等，但煮熟比生吃营养价值还要高。

❷ 烹调时不宜煮太久，以免流失营养。

❸ 煮番茄时，稍加些醋，就能破坏其中的有害物质番茄碱，还能提升瘦身功效！

开胃、提神
效果满分！

番茄的酸味来自于所含的柠檬酸，相较于其他酸味性质的蔬果，算是相当温和的味道，因此，番茄非常适合用来做前菜或是菜肴的调味。除此之外，番茄所含有的矿物质与维生素能让我们消除疲劳、恢复元气喔！

上面提到番茄的柠檬酸，除了能更突显其他蔬果的气味之外，医学界也常用它来净化身体的毒素喔！多食用不但能增加血液的碱度，还可以清除人体内尿酸中的毒素、促进排泄功能。番茄配合绿色系的蔬菜做出的果汁，许多医院都把它当作患者康复期的饮品呢！

配合其他
蔬果，健康好
处多更多

 知识链接

番茄里面的番茄红素（Lycopene）虽然为脂溶性物质，但是过分摄取油脂反而会让减肥瘦身的效果减分。因此，在烹饪番茄料理的时候，油的分量要拿捏好，如果不喜欢，可以将番茄（大果小果均可）切片做意大利式橄榄油醋沙拉，也是不错的选择。

烹饪小技巧
升级番茄功效的小秘密

哇！看来番茄好像宝盒一样，打开就有好多惊奇呢！在减肥的时候最讨厌一直重复吃一样的食物了。跟着以下的搭配，保证能让你满足口腹之欲，又能达到减肥的效果。

★ 番茄 适宜搭配的食材

全世界有很多品种的番茄，在吃法与料理上也相当多样，但是如何能让我们吃得健康又窈窕，这可是一门大学问了。减肥最忌讳摄取高脂肪、高热量的食物，尽量取用高纤维素、营养充足的食材搭配成均衡的减肥餐。在这里将介绍与番茄搭配的好朋友，让减肥瘦身与健康营养一起同步！

蛋

蛋可以说是减肥瘦身者补充蛋白质又不想吃进太多热量的最佳选择！一般 1 个鸡蛋所含的热量大约为 92.3 千卡，蛋白质含量 12.1g，在减肥的时候，许多人都不吃肉，以摄取鸡蛋为主，因为鸡蛋所含有的营养成分就可以补足不吃肉所需的蛋白质。不过要注意，由于鸡蛋是高胆固醇的食材，一天以 1 个为限，食用过多会造成胆固醇过高喔！

淀粉类

淀粉类食物在营养学上的分类叫作五谷根茎类，有时亦称为主食类，在食物营养成分标示上你所看到的"碳水化合物"这五个字就是指淀粉类食物的意思。这类食物主要提供人体所需的糖类及一部分蛋白质。若选择全谷类，则含 B 族维生素及丰富纤维素，像芋头、番薯等根茎类的食物，都能够帮助排便，进而促进人体的新陈代谢。不过在减肥瘦身时，必须控制淀粉类食物的摄取，因为食用含有过多淀粉的食物，很容易让大家前功尽弃！

🍅 提示！

番茄不能与红萝卜一起食用！因为它们两者所含的维生素 C 都相当的丰富。维生素 C 丰富的食材一起吃的话，就会把两边原有的维生素给破坏了，而降低人体对维生素 C 的吸收。

蔬菜类

　　蔬菜类给我们提供相当丰富的维生素A、维生素C与B族维生素，能帮助我们维持正常生理机能，还有美容效果。此外，它还能提供给我们每日所需的矿物质（钾、钙、铁、磷等），促进新陈代谢，维持体内酸碱平衡。同时，蔬菜类含大量纤维质，可促进肠胃蠕动，防止心脏病、高血压、大肠癌、痔疮等发生。此外，蔬菜类绝大部分为水分，而脂肪、蛋白质和糖类含量均不高，热量相对较低，吃多了也不易导致肥胖，是减肥中补充营养最好的伙伴喔！

肉类

　　无论是哪一种肉类，基本上都含有丰富的蛋白质与维生素 B_1、维生素 B_2 等营养成分。各种肉类会因为部位以及种类的不同，而热量有所差别，所含的营养成分也会有所不同。家禽类，鸡肉热量最少，如鸡胸肉去骨 79g 大约才 160 千卡热量。牛肉与猪肉热量较高，这两者大致上相同。不过各种肉类也会因为烹饪方式的不同，而产生不同的热量。

番茄 料理适用的种类

　　看完上面介绍的相关食材之后，其实这些都可以与番茄搭配烹饪喔！料理上常用的番茄种类有以下几种。

小果类：

　　小果类比较适合用在沙拉上面，不过由于美乃滋类的沙拉酱热量较高，建议用日式的醋沙拉酱，或是橄榄油清拌，都是不错的选择，也很适合夏日当午餐食用。

大果类：

　　大果类可以变化出较多种类的样式，如西式的冷盘、三明治的配菜，中式的番茄炒蛋、炖菜、咖喱等，都是很好的调味水果。汤品类如罗宋汤、番茄牛肉汤等。另外，由其制成的番茄酱也是运用相当广泛的蘸酱。

其他类番茄：

　　最近很流行、形状也相当讨喜的粉红色系番茄，切片后搭片起司与橄榄，就成了相当清爽的前菜。

知识链接

　　关于减肥的疑惑：很多人都认为只要不吃，或是强迫自己只食用单一种类的食物，就可以达到瘦身的效果，可是根据调查结果发现，也许透过这样的方法短时间内可以达到一定的功效，但是效果无法长久维持。因此，我们需要通过各种食物来补充自己所需的营养，辅以运动、调节平常的作息，让身体拥有健康的新陈代谢，这样才能够达到健康减重、美丽持续的目标喔！

番茄料理准备抢先做！

番茄对人体有这么多的帮助，可是要怎么料理才能愈吃愈美丽、愈吃愈窈窕呢？本单元将会告诉你料理秘诀，不用担心热量，照着做就对了。

番茄料理基本功大揭秘！

无论是法国的美味鱼汤、意大利的披萨与面食、西班牙的海鲜炒饭、俄罗斯的罗宋汤、中式的家常番茄炒蛋等，都大量使用了番茄。可是没有太多时间料理的时候，该怎么办呢？这里将教你可以在番茄料理前先准备的步骤，让大家轻松简单地享受番茄减肥料理。

番茄的剥皮

有许多人喜欢在料理前将生番茄剥皮，以提升番茄的口感。可是一个不小心就会弄得汁液到处都是。以下将告诉你简单又不费力的剥皮方法。

{ 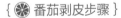 要准备的材料 }
大果类番茄数颗、水果刀 ×1、长柄叉 ×1。

{ 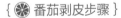 番茄剥皮步骤 }

步骤 1　首先将番茄的蒂用刀尖挖出，再用叉子叉住番茄放入沸水之中。注意要让番茄整颗浸入，不然会不均匀喔！

步骤 2　浸泡时间 20~30 秒，再放入冷水之中，就可以开始剥皮了。记得从把蒂挖出的切口处开始剥，这样就可以很轻松地处理掉番茄的外皮。

 知识链接

其实，番茄外层是果胶含量最多的，也是营养价值最高的部分，如果只是家常料理的话，其实可以保留果皮，一方面比较营养，另一方面也不需要费时处理！

自制美味番茄酱

　　许多番茄料理主要用到的都是番茄泥或者是捣碎的番茄，每次要料理还要花时间处理，下面就教你如何自制及保存番茄酱（泥），让你四季都可以吃到可口美味的番茄滋味！

{ ✹ 要准备的材料 }

　　番茄数颗（果型、品种不限，但是要考量到味道、颜色，尽量选择相同的品种，以大果型的为佳）、橄榄油（也可以用葵花子油或葡萄籽油等代替）、水果刀 ×1、长柄勺子 ×1

{ ✹ 自制番茄酱步骤 }

步骤 1	将准备好的番茄洗净后，放入电锅内蒸数分钟。
步骤 2	取出后用水果刀将每颗的蒂头、粗糙及腐烂的部分去掉。外皮部分依个人喜好与口感来决定要留下或是去掉。
步骤 3	处理好后，用手将番茄捏碎，或是用果汁机来处理。处理完毕后放入锅中煮沸，并倒入适量的橄榄油，用勺子在锅中轻搅，避免粘锅。
步骤 4	煮沸后关火，待冷却后即可放入容器储存。

 知识链接

　　番茄酱可以依照个人口味喜好增加一些佐料调味，如大蒜、洋葱、五香粉，或者是欧洲的香草等，都可以让番茄酱增添风味，也可以成为自己独门的拿手料理。另外，在保存上必须选用干燥、密封性好的容器装存，再放冰箱内保存，这样才不容易变质。

简单又便利的
番茄汁代餐
Tomato Juice

约 74 kcal

番茄蔬菜汁

{ ❀ 材料 }

红番茄 100 g、西洋芹 30 g、胡萝卜 20 g、冷开水 120 ml、蜂蜜 10 g、柠檬汁 5 ml。

{ 🥄 做法 }

❶ 番茄切块、西洋芹去皮、胡萝卜去皮切粗条，备用。

❷ 将做法❶中的食材放入果汁机中，打成汁，再加入蜂蜜、柠檬汁、冷开水拌匀即可。

37

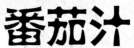

番茄汁

{ ❋ 材料 }

红番茄 200 g、冷开水 240 ml。

{ 🍲 做法 }

❶ 番茄切块，备用。

❷ 番茄、冷开水放入果汁机中，打成汁后滤渣即可。

约
50
kcal

番茄优酪乳

{ ❋ 材料 }

酸奶 200 g、红番茄 200 g。

{ 🍲 做法 }

❶ 番茄切块，备用。

❷ 将番茄放入果汁机中，打成汁，再加入酸奶拌打均匀即可。

约
200
kcal

约
116
kcal

番茄柑橘汁

{ ❁ 材料 }

橘子 180g、红番茄 100g、冷开水 50ml、蜂蜜 10g。

{ 🗁 做法 }

❶ 番茄切块，橘子去皮、去籽，备用。

❷ 将做法❶中的食材放入果汁机中，打成汁后滤渣，再加入蜂蜜、冷开水拌匀即可。

番茄苹果汁

约
152
kcal

{ ❀ 材料 }

苹果 200g、红番茄 100g、冷开水 50ml、蜂蜜 10g。

{ 🍴 做法 }

❶ 番茄切块，苹果去皮、去籽切块，备用。

❷ 将做法❶中的食材放入果汁机中，打成汁后滤渣，再加入蜂蜜、冷开水拌匀即可。

番茄凤梨汁

约
128
kcal

{ ❀ 材料 }

去皮的新鲜凤梨150g、红番茄100g、冷开水50ml、蜂蜜10g。

{ ➔ 做法 }

❶ 番茄、凤梨切块，备用。

❷ 将做法❶中的食材放入果汁机中，打成汁后滤渣，再加入蜂蜜、冷开水拌匀即可。

番茄梅子冰沙

约
45
kcal

{ ✳ 材料 }

红番茄 100g、梅子粉 10g、
冰块适量、冷开水 50ml。

{ 🦆 做法 }

❶ 红番茄汆烫去皮，备用。

❷ 将红番茄、梅子粉、冷开水用果汁
机打匀，加入冰块打成冰沙即可。

番茄多多冰沙

约
97
kcal

{ ✹ 材料 }

红番茄 100g、养乐多 1 瓶、冰块
适量。

{ 🍴 做法 }

❶ 红番茄氽烫去皮，备用。

❷ 将红番茄、养乐多放入果汁机打匀，
加入冰块打成冰沙即可。

番茄葡萄柚汁

约
76
kcal

{ ❋ 材料 }

红番茄 100g、葡萄柚果肉 50g、
果糖 10g、冷开水 50ml。

{ ➜ 做法 }

❶ 红番茄汆烫去皮,备用。

❷ 将红番茄、葡萄柚果肉、少
量冷开水放入果汁机打匀,
再加入果糖拌匀即可。

约
80
kcal

蜂蜜番茄冰沙

{ ❀ 材料 }

　　红番茄 200g、蜂蜜 10g、冰块适量、冷开水 120ml。

{ 🍳 做法 }

❶ 红番茄氽烫去皮，备用。

❷ 将红番茄、少量冷开水用果汁机打匀，加入冰块、蜂蜜打成冰沙即可。

饱足感十分的

美体番茄餐

Beautiful Body

芝麻番茄秋葵

约
106
kcal

{ ❋ 材料 }

白芝麻5g、牛番茄70g、秋葵60g。

{ ❀ 调味料 }

橄榄油、盐。

{ 🖐 做法 }

❶ 白芝麻炒热，牛番茄切块，秋葵斜切1/2，汆烫冲冷开水，备用。

❷ 将牛番茄、秋葵加入橄榄油、盐拌匀，再撒上白芝麻即可。

番茄松子沙拉

约
87
kcal

{ ✶ 材料 }

小番茄40g、罗勒叶少许、生菜60g、松子8g、起司粉5g、凯萨酱适量。

{ 🥄 做法 }

❶ 小番茄洗净去蒂切半，罗勒叶、生菜洗净切粗丝，松子压碎。

❷ 取盘子依序放上罗勒叶、生菜、小番茄、凯撒酱、起司粉、松子即可。

{ ✿ 材料 }

小番茄 15g、熟鸡丝 20g、凉粉 60g、
小黄瓜 30g。

{ ✿ 调味料 }

白醋、糖、香油、盐、白胡椒粉。

{ 🐷 做法 }

❶ 小番茄洗净去蒂切成 1/4 块大小,凉粉切块,
小黄瓜切粗丝,抓少量盐备用。

❷ 放入小番茄、凉粉、小黄瓜、鸡丝,再加入
调味料拌匀,放入冰箱冷藏即可。

约
104
kcal

番茄鸡丝凉粉

约
50
kcal

凉拌番茄

{ ⊛ 材料 }

牛番茄80g。

{ ⚘ 调味料 }

紫洋葱丁、葱丁、胡荽子、胡椒盐适量。

{ ☞ 做法 }

❶ 将番茄切块，放入大碗中。

❷ 做法❶中加入所有调味料和番茄一起拌匀，放入冰箱冷藏3小时以上，即可食用。

{ ✳ 材料 }

草虾 30g、小番茄 20g、新鲜蚕豆 30g、油渍朝鲜蓟、罗勒叶少许。

{ 🍒 调味料 }

橄榄油、水果醋各 1 大匙，松子少许。

{ 🍳 做法 }

❶ 草虾洗净、去壳，放入锅中烫熟；新鲜蚕豆洗净、烫熟。

❷ 小番茄切块，和做法❶中的食材一起摆入盘中，再放上油渍朝鲜蓟和罗勒叶。

❸ 将橄榄油与水果醋混匀，淋在做法❷中的食材上，再撒上松子即可食用。

鲜虾番茄生菜沙拉

约 361 kcal

🍅 知识链接

朝鲜蓟在国内并不常见，但可以在大型的百货超市里买到油渍的朝鲜蓟。

青酱起司番茄斜管面

约
425
kcal

{ 🍊 材料 }

意大利斜管面 100g、小番茄 20g。

{ 🌿 调味料 }

大蒜、盐各少许，高汤 30ml，起司一小块，青酱（罗勒 20g，大蒜、松子、橄榄油、起司粉适量）。

{ 🍳 做法 }

❶ 准备一锅水，水滚沸后加入意大利斜管面煮 8~10 分钟，捞起备用。

❷ 松子放入烤盘中用 180℃的中火略烤，罗勒放入热水中汆烫 5 秒，捞起备用。

❸ 将做法❷中的食材加入果汁机中，再加入橄榄油、大蒜、起司粉一起搅打均匀，盛出即成青酱。

❹ 起油锅，放入大蒜爆香，加入高汤及青酱拌炒，放入切片的番茄，再加入意大利斜管面拌炒，加盐调味，最后放上切碎的起司即可。

{ ● 材料 }

意大利斜管面 100 g、小番茄 30 g。

{ ● 调味料 }

橄榄油、蒜末、胡椒粉、起司粉各少许。

{ ● 做法 }

❶ 小番茄切块备用。

❷ 准备一锅水，水滚沸后加入意大利斜管面煮 8~10 分钟，捞起备用。

❸ 起油锅，放入蒜末，加入做法❷中的食材拌炒，再放入番茄块续炒，盛盘，撒上胡椒粉、起司粉即可。

约 390 kcal

清炒番茄斜管面

{ ✹ 材料 }

洋葱20g、金枪鱼30g、大红番茄2颗、罗勒叶适量。

{ ✿ 调味料 }

橄榄油、黑胡椒粒。

{ 🍴 做法 }

❶ 洋葱切小丁,红番茄头部切除 1/5 挖出果肉,切丁备用。

❷ 将洋葱、金枪鱼、番茄果肉、橄榄油、黑胡椒粒拌匀。

❸ 红番茄盅中放入做法❷中的食材,再加入罗勒叶点缀即可。

约 128 kcal

洋葱金枪鱼镶番茄

约
451
kcal

鲜蔬番茄汤饺

{ ❋ 材料 }

牛番茄60g、红萝卜35g、白萝卜35g、大白菜30g、毛豆仁10g、猪肉水饺15粒、高汤500ml。

{ 🍸 调味料 }

盐、橄榄油。

{ 🍳 做法 }

❶ 牛番茄、红萝卜、白萝卜去皮切块，大白菜切片备用。

❷ 猪肉水饺、毛豆仁煮熟后备用。

❸ 取高汤、牛番茄、红萝卜、白萝卜、大白菜炖煮至软，加入盐、橄榄油调味。

❹ 取一个碗，放入煮熟的水饺与做法❸中的食材，最后撒上毛豆仁即可。

番茄炖肉饭

约
458
kcal

{ ☀ 材料 }

鸡腿块 110g、马铃薯 40g、红番茄 40g、茄子 30g、西蓝花 50g、意式香料、白米 60g、高汤少许。

{ ❀ 调味料 }

番茄酱、起司粉、盐、橄榄油。

{ ✋ 做法 }

❶ 鸡腿块汆烫至八分熟备用。

❷ 马铃薯去皮切块，红番茄、茄子切块；西蓝花切朵，汆烫至熟后备用。

❸ 白米洗净，加入高汤、意式香料、橄榄油、盐、番茄酱拌匀。

❹ 再放入马铃薯、红番茄、茄子、鸡腿块焖煮至熟。

❺ 盛装后加入西蓝花和起司粉即可。

{ ❋ 材料 }

牛番茄 40g、花枝（乌贼）80g、草虾仁 60g、青木瓜 40g、罗勒叶 2 片、洋葱 15g、大蒜 5g、柠檬汁 5ml、姜片 2 片、意大利面 60g。

{ ꩜ 调味料 }

橄榄油、黑胡椒粒。

{ 🡒 做法 }

❶ 花枝刻花斜切片，虾仁去肠泥，加入姜片汆烫后冲冷开水备用。

❷ 青木瓜去皮、切细丝，牛番茄、洋葱切小丁，大蒜切末备用。

❸ 将花枝、虾仁、姜片、青木瓜、牛番茄、洋葱、柠檬汁、大蒜、橄榄油、黑胡椒粒拌匀。

❹ 意大利面烫熟，放入冷开水降温备用。

❺ 意大利面盛盘后放上做法❸中的食材，加入罗勒叶即可。

约 448 kcal

橄榄番茄花枝面

{ ✳ 材料 }

红番茄 100g、牛绞肉 70g、罗勒 10g、洋葱 20g、意式尖管面 60g、大蒜 10g、高汤适量。

{ 🌿 调味料 }

红酒、橄榄油、起司粉、盐。

{ 🦐 做法 }

❶ 红番茄氽烫、去皮，压成泥备用，意式尖管面烫八分熟过冷开水备用。

❷ 以橄榄油炒大蒜、洋葱、牛绞肉至有香味，加入番茄泥、高汤煮沸备用。

❸ 放入意式尖管面、红酒、盐、罗勒和做法❷中的食材拌炒至汤汁变稠，撒上起司粉即可。

苏勒番茄肉酱面

约
483
kcal

{ ✳ 材料 }

　　红番茄60g、无刺鲜鱼片100g、大文蛤40g、黄豆芽10g、蚝菇40g、金针菇30g、黑木耳20g、油菜30g、宽冬粉10g、高汤700ml。

{ ✿ 调味料 }

　　橄榄油、盐。

{ 🐾 做法 }

❶ 红番茄切块，鱼片切3cm宽，大文蛤吐沙，蚝菇、金针菇剥散，黑木耳切片，宽冬粉泡软备用。

❷ 高汤内放入做法❶中的食材、调味料，待煮沸后放入黄豆芽、油菜再煮3分钟即可。

番茄鲜鱼煲

约
458
kcal

{ ✤ 材料 }

红番茄50g、小黄瓜粗丝30g、荞麦面180g、熟鸡丝45g、松子10g、蒜片5g、罗勒10g。

{ ✿ 调味料 }

橄榄油、盐。

{ 🍴 做法 }

❶ 将松子、蒜片、橄榄油放入食物搅拌机中打成泥状，再放入罗勒和盐打成碎末状，倒出备用。

❷ 红番茄切块，备用。

❸ 将荞麦面过水烫熟和做法❶中的食材拌匀盛盘，放上小黄瓜粗丝、熟鸡丝和做法❷中的红番茄即可。

约
439
kcal

番茄荞麦面

清炖番茄排骨拉面

约
472
kcal

{ ❀ 材料 }

猪梅花排骨 120g、马铃薯 60g、牛番茄 50g、姜片 10g、生拉面 75g、豌豆 5g、水适量。

{ ✿ 调味料 }

橄榄油、盐。

{ 🍴 做法 }

❶ 猪梅花排骨切小块，放入沸水氽烫 1 分钟后捞出备用。

❷ 马铃薯、牛番茄切块，备用。

❸ 将做法❶和❷中所有食材、姜片、水和调味料，放入电子锅内，待开关跳起，掀开锅盖捞出姜片即可。

❹ 将生拉面煮熟后放入碗中，加入做法❸中的食材，以豌豆点缀即可。

番茄猪肋排饭

约 498 kcal

{ ❀ 材料 }

猪肋排 110g、新鲜凤梨 30g、红番茄 30g、洋葱 20g、西蓝花和白花椰菜 85g、甜椒 15g。

{ 🍒 调味料 }

番茄酱、橄榄油、盐、太白粉。

{ 🍲 腌料 }

酱油、白胡椒粉、蒜末。

{ 🐷 做法 }

❶ 猪肋排洗净、切小块，放入腌料（酱油、白胡椒粉、蒜末）腌渍，再放入锅中蒸至八分熟备用。

❷ 红番茄、洋葱切中丁，凤梨切 1/4 片状备用。

❸ 锅中倒入橄榄油将洋葱先炒香，加入红番茄、凤梨、猪肋排、番茄酱、盐一起烹煮入味，再加入少量太白粉水即可。

❹ 西蓝花和白花椰菜切朵，黄、红甜椒切粗条，汆烫后摆盘即可。

{ ✿ 材料 }

　　牛番茄60g、山药60g、鲍鱼菇30g、杏鲍菇30g、海带结20g、玉米笋30g、传统豆腐80g、高汤500ml、香菜5g。

{ ⚘ 调味料 }

　　盐。

{ 🍳 做法 }

❶ 牛番茄、山药滚刀切块，鲍鱼菇、杏鲍菇切块状备用。

❷ 牛番茄、山药、鲍鱼菇、杏鲍菇、海带结、玉米笋放入锅中，加入高汤、少量盐炖煮20分钟。

❸ 做法❷中加入豆腐煮熟熄火，放上香菜即可。

约
161
kcal

乐活山药锅

{ ❋ 材料 }

牛番茄60g、鸿禧菇30g、洋葱20g、卷心菜40g、金针菇30g、南瓜30g、猪肉片70g、山苏20g、高汤500ml。

{ ❀ 调味料 }

盐。

{ ➥ 做法 }

❶ 牛番茄、南瓜滚刀切块，鸿喜菇、金针菇剥散，洋葱、卷心菜切片状备用。

❷ 牛番茄、鸿禧菇、金针菇、卷心菜、洋葱、南瓜放入锅中，加入高汤、少量盐炖煮20分钟。

❸ 做法❷中加入猪肉片、山苏煮熟后熄火即可。

番茄蔬菜锅

约
219
kcal

64

{ ✽ 材料 }

大番茄 20g、青椒 1/2、洋葱 1/4 个、西蓝花 100g、西洋芹 1 支、蒜末少许。

{ ✿ 调味料 }

高汤 1 罐、盐少许。

{ 做法 }

① 将所有材料洗净，番茄、青椒、洋葱、西洋芹切块，西蓝花分小朵。

② 热油锅，加入蒜末、洋葱、青椒炒香，接着倒入高汤煮沸。

③ 做法②中继续加入西蓝花、西洋芹、番茄，盖上锅盖，用小火焖煮 5~10 分钟，再加少许盐调味即可。

番茄鲜蔬汤

约
109
kcal

约
168
kcal

生菜番茄虾松

{ ✳ 材料 }

西生菜70g、虾仁60g、西洋芹30g、小番茄40g、苹果50g、柠檬汁5ml。

{ ✿ 调味料 }

盐、橄榄油。

{ ➥ 做法 }

❶ 挑选大片可放置食材的西生菜，洗净，以冷开水冲洗备用。

❷ 西洋芹削皮切小丁，小番茄去蒂切小丁，苹果去皮去籽切小丁备用。

❸ 虾仁去肠泥以盐抓洗，切小丁备用。

❹ 将西洋芹、小番茄、苹果、虾仁加入柠檬汁及调味料拌匀，放在西生菜上即可。

{ ✷ 材料 }

　去骨鸡腿肉50g、花枝（乌贼）30g、鲜鱼片30g、洋葱20g、红番茄50g、高汤200ml。

{ ✿ 调味料 }

　泰式酸辣酱、柠檬汁、盐。

{ ➟ 做法 }

❶ 花枝切花、切小片备用；鱼片切小片，加少许盐腌渍备用。

❷ 洋葱洗净切丝备用，番茄洗净切块备用。

❸ 将高汤放入锅中煮至滚沸，加入所有调味料、番茄块、洋葱丝、鸡腿肉，以小火煮约10分钟，再放入花枝片、鲜鱼片煮熟即可。

约 234 kcal

泰式番茄
海鲜鸡肉

番茄烧肉卷

约
240
kcal

{ ✽ 材料 }

里脊肉薄片 75g、红番茄 50g、西生菜 40g、黄甜椒 30g、秋葵 30g、生香菇 40g、葱段 30g。

{ 🍶 调味料 }

橄榄油、柠檬汁、盐、白芝麻、味醂、柴鱼酱、洋葱。

{ 🥄 做法 }

❶ 将调味料搅拌在一起备用。

❷ 红番茄切片、黄甜椒切粗条、生香菇划十字备用。

❸ 取里脊肉片抹上做法❶中的调味料，再依序放上西生菜、番茄、葱段卷起来串上竹签，完成所有肉片后以铝箔纸包裹，放入烤箱烤熟，摆盘即可。

❹ 以热水汆烫黄甜椒、生香菇、秋葵后放盘子上，摆在做法❸中的肉卷旁。

❺ 最后将洋葱炒香加入白芝麻、味醂、柴鱼酱，淋在做法❹中的食材上。

{ ❀ 材料 }

鸡胸肉 70g、番茄泥 40g、玉米粒 25g、四季豆 25g、洋葱 20g、青江菜（小油菜）30g、红萝卜 35g、马铃薯 35g、姜片 2 片。

{ ❀ 调味料 }

橄榄油、盐、迷迭香、番茄酱。

{ 🥄 做法 }

❶ 薄鸡胸肉加入姜片汆烫至熟，冲冷开水降温备用。

❷ 四季豆去丝切小丁、洋葱切小丁、红萝卜切块、马铃薯切块烫熟，备用。

❸ 取调味料橄榄油、盐、迷迭香，加入番茄泥、玉米粒、四季豆、洋葱拌匀备用。

❹ 做法❶中的鸡胸肉放平，再放上做法❸中的酱料后卷紧以竹签固定后，切 3 等份放在盘子上即可。

❺ 将青江菜汆烫后与红萝卜、马铃薯一同摆盘，淋上适量番茄酱即可。

饱足感十分的 ⋯⋯⋯ 美体番茄餐

约
269
kcal

迷迭香鸡肉卷番茄

减肥也可以吃的

Dessert

约
175
kcal

薄荷番茄奶酪

{ ✳ 材料 }

　鲜奶酪 120g、小红番茄 20g、
薄荷叶 2 片、奇异果 1/2 粒。

{ 🐾 做法 }

❶ 小番茄切小丁、奇异果去皮切小丁。

❷ 将做法❶中的食材放在鲜奶酪上方，再
加上薄荷叶点缀即可。

{ ❀ 材料 }

　　红番茄片 5 片、起司片 1.5 片、罗勒叶 2 片、青酱（意大利面酱）适量。

{ 🍲 做法 }

❶ 将红番茄片、起司片对切成三角、罗勒叶一层层相叠排盘。

❷ 最后再淋上青酱即可。

约
115
kcal

番茄起司塔

约 175 kcal

番茄山药塔

{ ✿ 材料 }

红番茄片5片、山药片3片、
迷迭香适量、青酱适量。

{ 🍒 调味料 }

橄榄油、盐。

{ 🥄 做法 }

❶ 番茄、山药切厚片，加入迷迭香、
少量盐拌匀，备用。

❷ 锅内倒入橄榄油，将做法❶中的番
茄片和山药片放进锅中，以小火煎
至上色，交叠排入盘中，淋上青酱
即可。

{ ✹ 材料 }

现成小披萨皮 1 个、番茄酱 30g、洋葱 20g、黑橄榄 10g、
凤梨片 2 片、起司丝 15g。

{ ➡ 做法 }

❶ 凤梨、黑橄榄切小丁备用。

❷ 将披萨皮抹上番茄酱，放上洋葱、凤梨、黑橄榄、起司丝，
再放进烤箱中烤 20 分钟即可。

什锦番茄比萨

约
172
kcal

{ ✺ 材料 }

贝果 1 个、红番茄 30 g、罗勒 20 g、洋葱 10 g、大蒜 5 g、柠檬汁 3 ml、香菜适量、柠檬草适量。

{ ✿ 调味料 }

糖、黑胡椒粒。

{ 🍞 做法 }

❶ 番茄、罗勒、洋葱、大蒜切小丁，加入香菜、柠檬汁、柠檬草、糖、黑胡椒粒拌匀即成酱料。

❷ 贝果切对半，放置烤箱烤热，取适量酱料放贝果上即可。

番茄沙沙贝果

约
191
kcal

{ ✴ 材料 }

现成小蛋挞 1 个、小番茄 30g、起司丝 10g、香草叶适量。

{ 🥘 做法 }

小番茄洗净去蒂切对半，再与起司丝依序放蛋挞上，加入香草叶点缀即可。

约 237 kcal

起司番茄蛋挞

番茄苹果慕斯

约
167
kcal

减肥也可以吃的 ……… ● 番茄甜点

{ ✺ 材料 }

红番茄 25g、苹果块 75g、柠檬汁 3ml、吉利丁 1/4 片、植物鲜奶油 10g、冷开水 45ml、去蒂小番茄 50g、柠檬叶 1 片。

{ ✿ 调味料 }

白细砂糖。

{ 🐟 做法 }

❶ 以隔水加热将吉利丁泡软，备用。

❷ 红番茄、苹果加入冷开水，打成汁过滤后与白细砂糖、柠檬汁一起小火烹煮至融化，加入泡软的吉利丁拌匀。

❸ 植物鲜奶油打发，分次加入做法❷中，拌匀备用。

❹ 将做法❸中的慕斯挤在去蒂小番茄、苹果上，放上柠檬叶即可。

77

随时随地
补充番茄

懒惰也可以
减肥！

万一不会做菜或没时间做菜，或是因为是上班族，不得已还是得吃外卖，就没办法减肥了吗？其实，还是有一些简单又方便的番茄减肥法可以执行喔！但是用番茄减肥的前提，还是要注意搭配各种营养素，不能只单吃番茄来减肥。

Tomato

简单又方便！ 生食番茄计划

前面有提到，煮过的番茄比生食番茄还要有营养。其实，主要是指番茄红素的含量，因为番茄红素是脂溶性物质，所以料理过后的番茄有助于番茄红素的吸收。不过，加热过程也会让一些营养成分流失，而且不可避免吃外卖时，也容易吃到高油脂、高盐分等不健康又容易使身体发胖的番茄料理餐。因此，实在没办法，那就生食番茄吧！

番茄生食先看这里！

look!
想要用生食番茄来瘦身减肥，在这边告诉大家几个要注意的事情。

尽量不要空腹吃

其实不只是番茄，大部分的水果都属于生冷的寒性食物，因此胃肠不好或是体质本身比较敏感的人，因为番茄含有大量的果胶、柿胶酚、可溶性收敛剂等成分，容易与胃酸发生化学作用，凝结成不易溶解的块状物。这些硬块可能会将幽门堵塞，使胃里的压力升高，造成胃扩张而使人感到胃胀痛，所以要尽量避免空腹生食番茄，也千万不要只将番茄当作主餐，减肥或瘦身的话可以配合食用瘦肉汤，避免伤害到胃。

此外，女性朋友在月经期间，因为生冷的寒性食物会影响血管的收缩，造成腹部疼痛，影响经期排血，所以有这些身体问题的女孩们，在生食番茄时要更加注意喔！

由于番茄有高含量的维生素，所以基本上不宜和维生素 C 含量高的蔬菜、水果同食，如胡萝卜等。此外，因黄瓜含有维生素 C 分解酶，能使其他果菜中的维生素 C 损失殆尽，为了避免养分流失，尽量分开食用。

食物上的禁忌

依照自己身体状况来吃

番茄虽然有很多好处，但是如果身体上有一些状况，在食用上也要特别注意喔！以下列出不适合食用番茄的病症。

❶ 番茄不适合痛风、风湿骨痛、湿疹及其他类型皮肤病患者食用。

❷ 番茄性寒，有急性肠炎、下痢以及女性月经期间应少吃番茄。

❸ 如果本身胃部有溃伤、易胀气等症状的人，绝对不能空腹吃番茄，建议在食用完正餐后再生食，不会伤身体。

各品种的番茄热量

look!

虽然番茄可以用来减肥，但是其实各品种的热量，会因为它所含的甜度与养分，而不尽相同喔！所以，生食番茄前一定要先看一下番茄大约的热量。

1. 小果类番茄：
如圣女果等易入口的小型番茄，1小颗热量约 5 千卡，但是会因为品种甜度不同有所差异。

2. 大果类番茄：
一般常见的中、大型番茄，一颗的热量约 50 千卡，相当于 1 碗米饭1/4 的热量。

**知识链接**

在这边也要注意一下，甜分愈高的水果相对来说热量也会较高，所以减肥时，在选择生食西红柿的种类上也要注意一下甜分喔！

十大最健康的食品排行榜◗

NO.1	番茄	NO.6	鲑鱼
NO.2	菠菜	NO.7	大蒜
NO.3	坚果	NO.8	蓝莓
NO.4	西蓝花	NO.9	绿茶
NO.5	燕麦	NO.10	红酒

* 资料来源：美国《时代杂志》

健康减肥
小秘诀大公开！

市面上有好多与减肥相关的产品，毕竟爱美是人们的天性，但是也常常听到很多人说："瘦下来后一下子就胖回去了！""我觉得瘦下来后身体变得好差，也没什么体力，而且好容易生病喔！"，那要怎么样才能瘦得健康呢？这边告诉大家除了利用番茄等相关水果之外，还有一些小技巧要偷偷告诉大家！

瘦身绝非盲目跟从，除了要先了解番茄的功效之外，还有几个小秘诀告诉大家。只要彻底执行，想要享瘦一辈子，绝对不是一件难事。

★尽 量少吃外卖，让营养加倍不易发胖

几乎所有上班族、学生都是经常吃外卖，少部分会自己在家料理。常吃外卖很容易导致营养失衡，吸收过多不必要的高热量和油脂，再加上活动量的不足，体重当然也就愈来愈高！

其实料理很轻松，只要准备好简单又便宜的食材，就可以享受少油少盐零负担的料理，也可以把烹饪的过程当作运动，真是一举数得。其实日本很多少女流行杂志都在倡导"简单料理自己做"的概念，所以想要减肥瘦身、调整体质的都可以试试看，效果一定相当显著。

搭配静态体操与运动，雕塑完美线条创造好体态

坊间有许多减肥药都是以"速度"为取向，在短时间之内狂瘦，可是在这样的状态下，除了身体会吃不消，身体原本有赘肉的部位，反而因为快速消瘦而显得垂垂的，使外观变得更难看！所以除了饮食之外，配合一些简单的体操伸展，不用花钱去做 SPA，就可以轻轻松松雕塑自己的身材，在家运动流汗也可以达到排毒的功效。

尽量少喝冰凉饮料

电视与报纸杂志常常提到，饮料对人体是一种负担，而且很有可能会有糖类上瘾症，导致体重不减反增！如果真的嘴馋，尽量选无糖的茶类。此外，可以注意一下饮料是否为现泡的，最好不要喝含有人工香料的茶饮。如果是天然的茶类，例如现泡绿茶与乌龙茶都含有大量的茶多酚，有利于油脂分解，还有抗氧化的作用，也是减肥非常好的辅助圣品！

减肥不宜三餐只吃番茄

有些人想快速让体重降下来，就采取每天三餐只吃番茄的饮食方式，这样身体不能充分摄取到其他的营养素。如果每天三餐都想吃到番茄，建议可以使用番茄制作成料理或甜点，不仅让食材更加多样化，还能均衡摄取营养。

知识链接

快速瘦下来绝对不是一件好事！

打开电视，一定可以看到许许多多减肥药的广告中"保证一个月内减几千克""一星期减几千克"这类令大家怦然心动的话。其实身体是无法承受快速增肥或变瘦的，很多药物或者是食品，通常都是加速代谢，所以才会有这么卓越的效果，甚至有的会含有泻药成分，这对身体都是很大的负担。只有透过饮食的调整与适当的作息，才能保持美丽的体态与气色，让你真正瘦得漂亮！

关于水果减肥
专家的意见——停看听

其实，利用水果减肥瘦身，很多人都有许多的疑问。因为水果中所含的热量和糖分高低有所差异，如果只摄取卡路里和糖分含量高的水果，可能会造成适得其反的效果。此外，除了"吃"的方面，代谢快慢对于减肥相当重要，如果代谢不好，无论吃什么，只会堆积在身体内，也就是形成所谓的宿便，这样会造成体重只增不减。所以，以下列出几点在进行水果减肥时一定要注意的事项。

★并不是所有的水果都可以用来减肥！

在减肥的方法中，许多人相当喜爱使用"水果减肥法"，但是实际上听到的成功案例并不多。这都是因为许多错误观念所造成的，其实许多水果含有相当高的热量喔！甚至不输给糖果甜点类，所以在选用上要相当注意。基本上，水果之中热量最高的是芭蕉，不含水分，只含糖分的芭蕉，每 100 克的热量就高达 357 千卡。此外，高糖类的水果如香蕉、榴莲、水蜜桃、龙眼、柿子、甘蔗等，热量都相当高，因此正在减肥瘦身的人并不适合食用。

★绝 对不要只摄取单一水果，也尽量不要将水果替代正餐

电视上有许多女明星、艺人分享自身的水果减肥法，都不约而同赞叹水果减肥的成效，也都会提到"晚餐吃得少"，这个时间选择用全水果代替晚餐。这种方法无不可，不过如果整天都是以水果代替正餐，虽然在短时间内体重一定会明显下降，不过一旦停止，会有很大的复胖概率。此外，虽然水果很有营养，但是人体所需的营养成分并非只有水果而已，所以尽可能搭配蔬菜以及各种肉类，以达到均衡饮食又瘦身的功效！

★少 吃多动的秘诀

其实减肥瘦身不外乎"少吃多动"，少吃并非不吃，而是在吃的方面尽量以简单、低油、低热量、低糖的食物为主，再配合运动加速新陈代谢。如此下来，除了人变漂亮外，身体轻盈了，精神状况也愈来愈好，人也就愈来愈美丽了！

我的番茄有机农场

没想到自己在家也可以种番茄！在这单元将告诉你如何种出属于自己的美味番茄，让大家轻松享受到番茄的新鲜健康，也能体验另一种园艺乐趣喔！

自己在家种番茄

市面上虽然有很多新鲜的番茄，但是在种植上可能会使用农药，虽然是符合规定的，但是还是担心吃多了会残留在身体里。因此，人们逐渐形成了"有机"的概念。许多卖家开始贩售一些品种特殊的种子让大家增添自己动手种植番茄的乐趣，也丰富了餐桌的味觉与健康。最近日本开始流行"自耕"，番茄就是一个相当好的自耕植物。只要有盆栽就能种植，尽情享受在自己小小园地里的成就感吧！

番茄适合在温度22~25℃的环境中生长，如果气候温度过高时，番茄的呼吸作用旺盛，会导致生理失调，花芽分化不良，引起严重落花现象，也不易结果。另外，在温度过低的环境下生长，容易生长迟缓。

///// 种植番茄的准备——适合栽培的时间与环境

番茄为好旋光性作物，在日照不足时，易引起徒长、落花和发病。空气湿度过高时，易生病害或出现裂果现象。其实，番茄在温暖而昼夜温差大、干旱、湿度低、日照充足的环境下生长最为理想。在我国大部分地区春秋季节气候为上述最佳生长环境，所以在此时栽培最为适宜，病害少，果实色美，裂果不易发生，且因为日照充足，果实所含的甜度与营养成分都较高。

步骤
1

种植与育苗

先将种子播种于穴盘或苗床上覆土以不见种子为佳，再将水浇至苗床湿润，以保持湿度；如果无法每天保持湿润，可覆盖一层塑料袋，效果最佳。发芽后，把塑料袋掀开，以渐进的方式，将番茄苗移至有日照处。

步骤
2

植入盆栽

等发芽的番茄苗长到四片叶左右，就可以移到盆栽里面了。尽量选用 10 寸以上的花盆为佳，定植前可以先用有机肥作基肥，让土壤更有养分。

步骤
3

立支柱与整枝

番茄长大之后，有些品种需要开始为它准备立支架，以免植株无法支撑。最佳的立支柱时间为番茄植株第一朵花开时施行。如果是种植圣女果或是串珠这类一串串的小果品种，则可以不用立支柱。此外，为了让养分能尽量供应给果实，大果品种在种植的时候，只需留下主枝上的顶芽，其他叶脉间所生的侧芽，应于幼小时摘除。小果品种宜在主枝上留顶芽两枝顺其继续生长，其他所有叶脉间所长出的侧芽必须摘除。

///// 种植过程须要注意的事项

关于
施肥

番茄以施氮肥的效果最为显著，施用不足时，植株生长衰弱，产量少。施用过多时，茎粗叶大，易徒长、落花、缺钙和发病。育苗期间可施用氮肥 1~2 次，定植后 10 天左右可施用磷肥促进新根发育，在结果期间施用钾肥可提高果实甜度喔！

关于
浇水

番茄虽然能耐干燥，但是在育苗时是需要保持湿润的。定植后，土壤也不可过于干燥，不过当定植存活后，水就不宜加太多了。结果期宜控制水分供给，防止果实裂果并可提高果实的甜度。

第5单元  附录

　　不知道经过了上面的各种介绍，大家有没有对"番茄"减肥法有比较深入的认识呢？如果没有，就赶快去复习吧！这边再提供给大家7天轻松瘦的番茄周菜单，照着做，一定瘦！

Appendix

番茄瘦身 计划表

在这里为大家设计了简单的表格，从每天是否吃外卖、喝饮料和每周的体重变化来提醒自己在饮食上的缺陷！从记录开始，大家一起加入番茄减肥大作战吧！

番茄周菜单

	星期一	星期二	星期三	星期四	星期五
早餐	番茄沙沙贝果 原味酸奶	番茄酸奶 杂粮葡萄餐包	烤三角金枪鱼 玉米土司 柳橙汁	番茄汁 蔬果总汇三明治	生菜佐蛋堡 薏米燕麦浆
午餐	番茄猪肋排饭 芝麻四季豆 红参油菜 姜丝冬瓜蛤蜊汤	黄豆糙米饭 番茄烧肉卷 豆婴柳菇 海带豆芽汤	芝麻绿豆饭 番茄鸡丝凉粉 烫青菜 乐活山药锅	燕麦山药饭 迷迭鸡肉卷番茄 烫青菜 苹果炖排骨	糙米饭 番茄鲜鱼煲 香菇蒸蛋 彩椒莲藕
点心	番茄蔬菜汁	水果切盘	番茄松子沙拉	水果切盘	番茄多多冰沙
晚餐	和风春卷 洋葱金枪鱼镶番茄 烫青菜 山药排骨汤	番茄野菜锅 十谷米饭 凉拌茄子 芝麻南瓜	坚果马铃薯手卷 罗勒番茄肉酱面 洋葱汤	五谷饭 生菜番茄虾松 白灼肉片 拌秋葵 蔬菜汤	五行水饺 泰式番茄海鲜鸡肉 烫青菜 葱香紫菜汤

 知识链接

　　在执行水果减肥法的时候，当然不能只吃单一水果。基本上在一天菜单上的设计，早餐可以选择新鲜现打的蔬果汁加两片全麦吐司；中午可选用五谷饭团、瘦肉、蛋与水果……晚餐的部分如果体质比较敏感或是怕冷的人，可以以鱼汤或是简单的蔬菜瘦肉汤、味噌汤搭配暖胃，配合水果食用,如此即可达到效果。淀粉类原则上仍然尽量少摄取，而肉类则是建议以水煮的烹饪方式，避免摄取高油脂。

番茄减肥计划表使用须知

1 计划表内依照每人每日所食用的正餐食物来填写，可配合第3单元所介绍的番茄料理来制作！

2 将每日所食用的食物详细记录下来。如果食用的为加工产品，有热量的请记录下来，如果为外卖，请参考填写热量部分。

3 每个星期日请统计本周食用的食物总热量、外卖的频率，并记录体重，以比较每周体重的增减，警惕自己。

4 表格可以自行影印，以重复使用。

7 天减肥计划表

	星期一	星期二	星期三	星期四	星期五	星期六	星期日
早餐							
卡路里							
中餐							
卡路里							
晚餐							
卡路里							

蔬菜及菌类营养成分表

（以每 100g 可食部计）

名称	水分（g）	能量（kcal）	膳食纤维（g）	灰分（g）	总 Vita（μgRE）	维生素 B₁（mg）	维生素 B₂（mg）	维生素 C（mg）	钙（mg）	磷（mg）	铁（mg）
白萝卜	93.4	21	1.0	0.6	3	0.02	0.03	21	36	26	0.5
变萝卜	91.6	27	1.2	0.7	3	0.03	0.04	24	45	33	0.6
青萝卜	91.0	31	0.8	0.7	10	0.04	0.06	14	40	34	0.8
小水萝卜	93.9	19	1.0	0.6	3	0.02	0.04	22	32	21	0.4
心里美萝卜	93.5	21	0.8	0.6	2	0.02	0.04	23	68	24	0.5
胡萝卜	88.3	40	1.2	0.8	678	0.04	0.04	15	32	22	0.8
芥菜头	89.6	33	1.4	0.9	—	0.06	0.02	34	65	36	0.8
苤蓝	90.8	30	1.3	0.7	3	0.04	0.02	41	25	46	0.3
根芹	86.2	27	5.7	1.5	3	0.04	0.07	1.0	79	166	0.5
扁豆角	88.3	37	2.1	0.6	25	0.04	0.07	13	38	54	1.9
蚕豆	70.2	104	3.1	1.1	52	0.37	0.10	16	16	200	3.5
刀豆角	89.0	36	1.8	0.6	37	0.05	0.07	15	49	57	4.6
豆角	89.9	30	2.4	0.6	65	0.06	0.06	29	28	48	1.2
荷兰豆	91.9	27	1.4	0.4	80	0.09	0.04	16	51	19	0.9
龙豆	90.0	32	1.9	0.8	87	0.04	0.06	11	147	54	1.3
毛豆	69.6	123	4.0	1.8	22	0.15	0.07	27	135	188	3.5
四季豆	91.3	28	1.5	0.6	35	0.04	0.07	6	42	51	1.5
豌豆	70.2	105	3.0	0.9	37	0.43	0.09	14	21	127	1.7
豌豆尖	42.1	223	1.3	0.9	452	0.07	0.23	11	17	65	5.1
油豆角	92.2	22	1.6	1.2	27	0.07	0.08	11	69	56	1.9
芸豆角	91.1	25	2.1	0.6	40	0.33	0.06	9	88	37	1.0
豇豆	90.6	29	2.1	0.6	31	0.07	0.08	19	35	57	0.8

注：灰分，主要是无机盐和氧化物。

续表 （以每 100g 可食部计）

成分名称	水分（g）	能量（kcal）	膳食纤维（g）	灰分（g）	总Vita（μgRE）	维生素B₁（mg）	维生素B₂（mg）	维生素C（mg）	钙（mg）	磷（mg）	铁（mg）
四棱豆	93.0	11	3.8	0.6	68	0.05	0.04	3.0	61	29	0.5
黄豆芽	88.8	44	1.5	0.6	5	0.04	0.07	8	21	74	0.9
绿豆芽	94.6	18	0.8	0.3	3	0.05	0.06	6	9	37	0.6
豌豆苗	89.6	34	1.9	1.0	445	0.05	0.11	67	40	67	4.2
绿皮茄子	92.8	25	1.2	0.4	20	0.02	0.20	7	12	26	0.1
圆茄子	91.2	28	1.7	0.3	Tr	0.03	0.03	1	5	19	1.8
长茄子	93.1	19	1.9	0.4	30	0.03	0.03	7	55	28	0.4
番茄	94.4	19	0.5	0.5	92	0.03	0.03	19	10	23	0.4
干辣椒	14.6	212	41.7	5.7	—	0.53	0.16	—	12	298	6.0
红辣椒	88.8	32	3.2	0.6	232	0.03	0.06	144	37	95	1.4
青尖椒	91.9	23	2.1	0.6	57	0.03	0.04	62	15	33	0.7
柿子椒	93.0	22	1.4	0.4	57	0.03	0.03	72	14	20	0.8
葫子	92.2	27	0.9	0.2	163	0.01	0.06	29	49	27	—
秋葵	86.2	37	3.9	0.7	52	0.05	0.09	4	45	65	0.1
樱桃番茄	92.5	22	1.8	0.5	55	0.03	0.02	33.0	6	26	0.3
彩椒	91.5	19	3.3	0.6	132	0.05	0.05	104.0	9	26	0.5
白瓜	96.2	10	0.9	0.3	—	0.02	0.04	16	6	11	0.1
菜瓜	95.0	18	0.4	0.3	3	0.02	0.01	12	20	14	0.5
冬瓜	96.6	11	0.7	0.2	13	0.01	0.01	18	19	12	0.2
佛手瓜	94.3	16	1.2	3	0.6	0.01	0.10	8	17	18	0.1
葫芦	95.3	15	0.8	0.4	7	0.02	0.01	11	16	15	0.4
黄瓜	95.8	15	0.5	0.3	15	0.02	0.03	9	24	24	0.5
苦瓜	93.4	19	1.4	0.6	17	0.03	0.03	56	14	35	0.7
南瓜	93.5	22	0.8	0.4	148	0.03	0.04	8	16	24	0.4

成分 名称	水分 （g）	能量 （kcal）	膳食纤维 （g）	灰分 （g）	总 Vita （μgRE）	维生素 B_1 （mg）	维生素 B_2 （mg）	维生素 C （mg）	钙 （mg）	磷 （mg）	铁 （mg）
南瓜粉	6.2	320	11.5	5.0	10	0.04	0.70	7	171	307	27.8
丝瓜	94.3	20	0.6	0.3	15	0.02	0.04	5	14	29	0.4
西葫芦	94.9	18	0.6	0.3	5	0.01	0.03	6	15	17	0.3
小西胡瓜	94.4	22	—	0.1	—	Tr	0.01	—	5	6	0.2
飞碟瓜	94.1	13	2.5	0.4	8	0.02	0.02	3.0	32	29	0.4
黄金西葫芦	93.7	11	2.8	0.8	27	0.01	0.03	13.3	33	47	0.4
黄茎瓜	95.4	18	—	0.5	113	0.03	0.02	Tr	—	17	—
迷你黄瓜	95.8	12	0.9	0.5	6	0.02	0.02	—	20	21	0.3
秋黄瓜	96.0	12	0.9	0.4	7	0.02	0.01	—	9	23	0.2
栗面南瓜	88.8	31	2.7	0.9	253	0.03	0.04	5.0	16	56	0.4
大蒜	65.2	131	1.2	1.2	4	0.17	0.06	7	25	123	1.3
紫皮大蒜	63.8	136	1.2	1.2	3	0.29	0.06	7	10	129	1.3
青蒜	90.4	30	1.7	0.7	98	0.06	0.04	16	24	25	0.8
蒜黄	93.0	21	1.4	0.5	47	0.05	0.07	18	24	58	1.3
蒜苗	88.9	37	1.8	0.6	47	0.11	0.08	35	29	44	1.4
蒜苔	81.8	61	2.5	0.7	80	0.04	0.07	1	19	52	4.2
大葱	91.0	30	1.3	0.5	10	0.03	0.05	17	29	38	0.7
细香葱	90.0	37	1.1	—	77	0.04	—	14	54	61	2.2
小葱	92.7	24	1.4	0.4	140	0.05	0.06	21	72	26	1.3
洋葱	89.2	39	0.9	0.5	3	0.03	0.03	8	24	39	0.6
韭菜	91.8	26	1.4	0.8	235	0.02	0.09	24	42	38	1.6
韭苔	89.4	33	1.9	0.5	80	0.04	0.07	1	11	29	4.2
大白菜	94.6	17	0.8	0.6	20	0.04	0.05	31	50	31	0.7
酸白菜	95.2	14	0.5	1.1	5	0.02	0.02	2	48	38	1.6

续表 （以每100g可食部计）

成分 名称	水分 （g）	能量 （kcal）	膳食纤维 （g）	灰分 （g）	总Vita （μgRE）	维生素 B₁ （mg）	维生素 B₂ （mg）	维生素 C （mg）	钙 （mg）	磷 （mg）	铁 （mg）
小白菜	94.5	15	1.1	1.0	280	0.02	0.09	28	90	36	1.9
白菜薹	91.3	25	1.7	1.4	160	0.05	0.08	44	96	54	2.8
乌菜	91.8	25	1.4	1.0	168	0.06	0.11	45	186	53	3.0
油菜	92.9	23	1.1	1.0	103	0.04	0.11	36	108	39	1.2
油菜薹	92.4	20	2.0	1.0	90	0.08	0.07	65	156	51	2.8
奶白菜	92.6	17	2.3	1.2	190	0.02	0.10	37.4	66	55	1.0
鸡毛菜	93.5	15	2.1	1.0	138	0.04	0.09	24.0	78	25	2.1
娃娃菜	95.0	8	2.3	0.7	8	0.04	0.03	12.0	78	58	0.4
乌塌菜	94.5	8	2.6	1.0	261	0.01	0.08	33.9	43	35	1.6
圆白菜	93.2	22	1.0	0.5	12	0.03	0.03	40	49	26	0.6
菜花	92.4	24	1.2	0.7	5	0.03	0.08	61	23	47	1.1
西蓝花	90.3	33	1.6	0.7	1202	0.09	0.13	51	67	72	1.0
雪里红	91.5	24	1.6	1.4	52	0.03	0.11	31	230	47	3.2
盖菜	94.6	14	1.2	1.2	283	0.02	0.11	72	28	36	1.0
芥菜	92.6	24	1.0	0.9	242	0.05	0.10	51	80	40	1.5
芥蓝	93.2	19	1.6	1.0	575	0.02	0.09	76	128	50	2.0
紫结球甘蓝	91.8	19	3.0	0.6	—	0.04	0.03	26.0	65	22	0.4
抱子甘蓝	86.7	23	6.6	1.0	5	0.06	0.05	38.0	59	60	0.6
羽衣甘蓝	87.2	32	(3.7)	1.7	728	0.07	0.18	63.0	66	82	1.6
菠菜	91.2	24	1.7	1.4	487	0.04	0.11	32	66	47	2.9
冬苋菜	89.6	30	2.2	1.2	1158	0.15	0.05	20	82	56	2.4
萝卜缨	82.2	40	4.0	4.4	162	0.04	—	41	350	39	8.1
木耳菜	92.8	20	1.5	1.0	337	0.06	0.06	34	166	42	3.2
芹菜	94.2	14	1.4	1.0	10	0.01	0.08	12	48	50	0.8

续表

成分 名称	水分 （g）	能量 （kcal）	膳食纤维 （g）	灰分 （g	总 Vita （μgRE）	维生素 B₁ （mg）	维生素 B₂ （mg）	维生素 C （mg）	钙 （mg）	磷 （mg）	铁 （mg）
芹菜叶	89.4	31	2.2	1.5	488	0.08	0.15	22	40	64	0.6
油麦菜	95.7	15	0.6	0.4	60	Tr	0.10	20	70	31	1.2
生菜	95.8	13	0.7	0.6	298	0.03	0.06	13	34	27	0.9
甜菜叶	92.2	19	1.3	2.0	610	0.10	0.22	30	117	40	3.3
香菜	90.5	31	1.2	1.1	193	0.04	0.14	48	101	49	2.9
绿苋菜	90.2	25	2.2	1.7	352	0.03	0.12	47	187	59	5.4
红苋菜	88.8	31	1.8	2.1	248	0.03	0.10	30	178	63	2.9
茼蒿	93.0	21	1.2	0.9	252	0.04	0.09	18	73	36	2.5
茴香	91.2	24	1.6	1.7	402	0.06	0.09	26	154	23	1.2
荠菜	90.6	27	1.7	1.4	432	0.04	0.15	43	294	81	5.4
莴笋	95.5	14	0.6	0.6	25	0.02	0.02	4	23	48	0.9
空心菜	92.9	20	1.4	1.0	253	0.03	0.08	25	99	38	2.3
番杏叶	94.0	10	2.6	1.2	105	0.03	0.09	Tr	136	25	0.8
白凤菜	93.4	10	3.2	1.0	178	0.03	0.06	6.0	41	29	1.8
西芹	93.6	12	2.6	0.9	5	0.01	0.08	3.0	69	31	0.8
观达菜	91.8	18	—	1.5	78	0.01	0.03	4.0	36	35	0.2
球茎茴香	93.2	10	3.3	0.9	6	0.03	0.24	6.4	76	17	1.3
竹笋	92.8	19	1.8	0.8	—	0.08	0.06	3.3	76	35	0.4
笋干	10.0	196	43.2	2.9	2	—	0.08	5	9	64	0.5
冬笋	88.1	40	0.8	1.2	13	0.08	0.32	—	31	222	4.2
玉兰片	78.0	43	11.3	0.4	—	0.04	0.08	0.6	22	56	0.1
百合	56.7	162	1.7	1.2	—	0.02	0.04	18	11	61	1.0
干百合	10.3	343	1.7	3.0	—	0.05	0.09	—	32	92	5.9
黄花菜	40.3	199	7.7	4.0	307	0.05	0.21	10	301	216	8.1

续表 （以每 100g 可食部计）

成分名称	水分（g）	能量（kcal）	膳食纤维（g）	灰分（g）	总 Vita（μgRE）	维生素 B₁（mg）	维生素 B₂（mg）	维生素 C（mg）	钙（mg）	磷（mg）	铁（mg）
菊苣	93.8	17	0.9	1.4	205	0.08	0.08	7	52	28	0.8
芦笋	93.0	19	1.9	0.6	17	0.04	0.05	45	10	42	1.4
结球菊苣	93.8	12	2.7	0.8	17	0.04	0.04	2.0	78	53	0.8
软化白菊苣	94.7	13	1.7	0.5	2	0.04	0.02	1.0	11	53	0.2
慈菇	73.6	94	1.4	1.7	—	0.14	0.07	4	14	157	2.2
菱角	73.0	98	1.7	1.0	2	0.19	0.06	13	7	93	0.6
藕	80.5	70	1.2	1.0	3	0.09	0.03	44	39	58	1.4
茭白	92.2	23	1.9	0.5	5	0.02	0.03	5	4	36	0.4
荸荠	83.6	59	1.1	0.8	3	0.02	0.02	7	4	44	0.6
莼菜	94.5	20	0.5	0.2	55	—	0.01	—	42	17	2.4
凉薯	85.2	55	0.8	0.4	—	0.03	0.03	13	21	24	0.6
山药	84.8	56	0.8	0.7	3	0.05	0.02	5	16	34	0.3
芋头	78.6	79	1.0	0.9	27	0.06	0.05	6	36	55	1.0
姜	87.0	41	2.7	0.8	28	0.02	0.03	4	27	25	1.4
洋姜	80.8	56	4.3	1.0	—	0.01	0.10	5	23	27	7.2
白沙蒿	84.0	52	1.9	2.3	733	0.31	—	8	305	82	16.4
白薯叶	84.0	58	1.0	1.5	995	0.13	0.28	56	174	40	3.4
苦苦菜	88.2	38	1.8	1.6	357	—	—	62	—	—	—
马齿苋	92.0	27	0.7	1.3	372	0.03	0.11	23	85	56	1.5
香椿	85.2	47	1.8	1.8	117	0.07	0.12	40	96	147	3.9
榆钱	85.2	36	4.3	2.0	122	0.04	0.12	11	62	104	7.9
苜蓿	81.8	60	2.1	2.4	440	0.10	0.73	118	713	78	9.7
枸杞菜	87.8	44	1.6	1.0	592	0.08	0.32	58	36	32	2.4
鱼腥草（叶）	84.9	13	9.6	2.3	Tr	0.03	0.12	16.0	57	31	2.3

成分 名称	水分 （g）	能量 （kcal）	膳食纤维 （g）	灰分 （g）	总 VitA （μgRE）	维生素 B$_1$ （mg）	维生素 B$_2$ （mg）	维生素 C （mg）	钙 （mg）	磷 （mg）	铁 （mg）
鱼腥草（根）	77.4	39	11.8	1.0	7	0.09	0.06	3.0	74	55	2.3
草菇	92.3	23	1.6	0.5	—	0.08	0.34	—	17	33	1.3
干红菇	15.5	200	31.6	6.4	13	0.26	6.90	2	1	523	7.5
干冬蘑	13.4	212	32.3	2.9	5	0.17	1.40	5	55	469	10.5
猴头菇	92.3	13	4.2	0.6	—	0.01	0.04	4	19	37	2.8
干黄蘑	39.3	166	18.3	2.7	12	0.15	1.00	—	11	194	22.5
金针菇	90.2	26	2.7	1.0	5	0.15	0.19	2	—	97	1.4
口蘑	9.2	242	17.2	17.2	—	0.07	0.08	—	169	1655	19.4
鲜蘑	92.4	20	2.1	0.7	2	0.08	0.35	2	6	94	1.2
干蘑菇	13.7	252	21.0	8.0	273	0.10	1.10	5	127	357	51.3
干木耳	15.5	205	29.9	5.3	17	0.17	0.44	—	247	292	97.4
平菇	92.5	20	2.3	0.7	2	0.06	0.16	4	5	86	1.0
干松茸	16.1	112	47.8	12.2	—	0.01	1.48	—	14	50	86.0
香菇	91.7	19	3.3	0.6	—	Tr	0.08	2.0	2	53	0.3
干香蘑	12.3	211	31.6	4.8	3	0.19	1.26	5	83	258	10.5
羊肚菌	14.3	295	12.9	8.0	178	0.10	2.25	3	87	1193	30.7
干银耳	14.6	200	30.4	8	6.7	0.05	0.25	—	36	369	4.1
干榛蘑	51.1	157	10.4	3.8	7	0.01	0.69	—	11	286	25.1
茶树菇	12.2	279	15.4	6.0	Tr	0.32	1.48	—	4	908	9.3
海带	94.4	12	0.5	2.2	—	0.02	0.15	—	46	22	0.9
石花菜	15.6	314	—	6.0	—	0.06	0.20	—	167	209	2.0
干紫菜	12.7	207	21.6	15.4	228	0.27	1.02	7.3	264	350	54.9
螺旋藻	6.5	356	—	7.5	6468	0.28	1.41	Tr	137	1317	88.0
裙带菜	9.2	119	40.6	22.6	372	0.02	0.07	—	947	305	16.4

水果类营养成分表

（以每 100g 可食部计）

成分 名称	水分 （g）	能量 （kcal）	膳食纤维 （g）	灰分 （g）	总 Vita （μgRE）	维生素 B_1 （mg）	维生素 B_2 （mg）	维生素 C （mg）	钙 （mg）	磷 （mg）	铁 （mg）
苹果	85.9	52	1.2	0.2	3	0.06	0.02	4	1.53	12	0.6
国光苹果	85.9	54	0.8	0.2	10	0.02	0.03	4	8	14	0.3
红富士苹果	86.9	45	2.1	0.3	10	0.01	—	2	3	11	0.7
红香蕉苹果	86.9	49	0.9	0.2	17	0.01	0.02	3	5	8	0.6
黄香蕉苹果	85.6	49	2.2	0.2	3	—	0.03	4	10	7	0.3
梨	85.8	44	3.1	0.3	6	0.03	0.06	6	9	14	0.5
京白梨	85.3	55	1.4	0.3	—	0.02	0.02	3	7	6	0.3
莱阳梨	84.8	49	2.6	0.6	—	0.03	0.02	3	10	8	0.4
苹果梨	85.4	48	2.3	0.4	5	—	0.01	4	4	19	0.4
酥梨	88.0	43	1.2	0.2	—	0.03	0.02	11	2	16	—
香梨	85.8	46	2.7	0.2	12	—	—	—	6	31	0.4
雪花梨	88.8	41	0.8	0.3	17	0.01	0.01	4	5	6	0.3
鸭广梨	82.4	50	5.1	0.3	—	—	0.02	4	18	12	0.2
鸭梨	88.3	43	1.1	0.2	2	0.03	0.03	4	4	14	0.9
红果	73.0	95	3.1	0.8	17	0.02	0.02	53	52	24	0.9
红果干	11.1	152	49.7	4.0	10	0.02	0.18	2	144	440	0.4
海棠果	79.9	73	1.8	0.4	118	0.05	0.03	20	15	16	0.4
沙果	81.3	66	2.0	0.4	Tr	0.03	—	3	5	14	1.0
蛇果	84.4	55	1.6	0.4	3	0.01	Tr	2.0	5	21	0.1
桃	86.4	48	1.3	0.4	3	0.01	0.03	7	6	20	0.8
高山白桃	88.5	40	1.3	0.5	3	0.04	0.01	10	7	11	0.8
黄桃	85.2	54	1.2	0.2	15	—	0.01	9	—	7	—

（以每 100g 可食部计）

成分 名称	水分 （g）	能量 （kcal）	膳食纤维 （g）	灰分 （g）	总 Vita （μgRE）	维生素 B_1 （mg）	维生素 B_2 （mg）	维生素 C （mg）	钙 （mg）	磷 （mg）	铁 （mg）
久保桃	89.0	41	0.6	0.3	—	0.04	0.04	8	10	16	0.4
蜜桃	88.7	41	0.8	0.4	2	0.02	0.03	4	10	21	0.5
蒲桃	88.7	33	2.8	0.4	—	Tr	0.02	25	4	14	0.3
李子	90.0	36	0.9	0.4	25	0.03	0.02	5	8	11	0.6
杏	89.4	36	1.3	0.5	75	0.02	0.03	4	14	15	0.6
杏干	8.8	330	4.4	4.9	102	—	0.01	—	147	89	0.3
布朗	88.0	41	1.4	0.5	8	0.01	0.01	2.0	5	11	0.2
西梅	88.5	39	1.5	0.4	1	0.01	0.01	1.4	11	16	0.1
枣	67.4	122	1.9	0.7	40	0.06	0.09	243	22	23	1.2
干枣	26.9	264	6.2	2	1.6	0.04	0.16	14	64	51	2.3
金丝小枣	19.3	294	7.0	1.7	—	0.04	0.50	—	23	—	1.5
黑枣	32.6	228	9.2	1.8	—	0.07	0.09	6	42	66	3.7
酒枣	61.7	145	1.4	0.8	—	0.05	0.04	—	75	45	1.4
蜜枣	13.4	321	5.8	0.7	—	0.01	0.10	55	59	22	3.5
冬枣	69.5	105	3.8	0.7	Tr	0.08	0.09	243.0	16	29	0.2
酸枣	18.3	278	10.6	3.4	—	0.01	0.02	900	435	95	6.6
樱桃	88.0	46	0.3	0.5	35	0.02	0.02	10	11	27	0.4
葡萄	88.7	43	0.4	0.3	8	0.04	0.02	25	5	13	0.4
红玫瑰葡萄	88.5	37	2.2	0.2	—	0.03	0.02	5	17	13	0.3
巨峰葡萄	87.0	50	0.4	0.4	5	0.03	0.01	0.1	7	17	0.6
马奶子葡萄	89.6	40	0.4	0.4	8	—	0.03	—	—	—	—
玫瑰香葡萄	86.9	50	1.0	0.2	3	0.02	0.02	4	8	14	0.1
葡萄干	11.6	341	1.6	2.1	—	0.09	—	5	52	90	9.1
石榴	79.1	63	4.8	0.6	—	0.05	0.03	9	9	71	0.3

续表

（以每 100g 可食部计）

成分 名称	水分 （g）	能量 （kcal）	膳食纤维 （g）	灰分 （g）	总 Vita （μgRE）	维生素 B_1 （mg）	维生素 B_2 （mg）	维生素 C （mg）	钙 （mg）	磷 （mg）	铁 （mg）
柿子	80.6	71	1.4	0.4	20	0.02	0.02	30	9	23	0.2
磨盘柿	79.4	76	1.5	0.2	17	0.01	Tr	10	5	14	0.2
柿饼	33.8	250	2.6	1.4	48	0.01	Tr	—	54	55	2.7
桑葚	82.8	49	4.1	1.3	5	0.02	0.06	—	37	33	0.4
沙棘	71.0	119	0.8	0.8	640	0.05	0.21	204	104	54	8.8
无花果	81.3	59	3.0	1.1	5	0.03	0.02	2	67	18	0.1
猕猴桃	83.4	56	2.6	0.7	22	0.05	0.02	62	27	26	1.2
草莓	91.3	30	1.1	0.4	5	0.02	0.03	47	18	27	1.8
红提子葡萄	85.6	52	0.9	0.7	2	0.02	0.01	Tr	2	20	0.2
橙	87.4	47	0.6	0.5	27	0.05	0.04	33	20	22	0.4
福橘	88.1	45	0.4	0.4	100	0.05	0.02	11	27	5	0.8
金橘	84.7	55	1.4	0.4	62	0.04	0.03	35	56	20	1.0
芦柑	88.5	43	0.6	0.4	87	0.02	0.03	19	45	25	1.3
蜜橘	88.2	42	1.4	0.3	277	0.05	0.04	19	19	18	0.2
四川红橘	89.1	40	0.7	0.3	30	0.24	0.04	33	42	25	0.5
小叶橘	89.5	38	0.9	0.4	410	0.25	0.03	—	72	16	0.2
柚	89.0	41	0.4	0.5	2	—	0.03	23	4	24	0.3
柠檬	91.0	35	1.3	0.5	—	0.05	0.02	22	101	22	0.8
芭蕉	68.9	109	3.1	0.9	—	0.02	0.02	—	6	18	0.3
菠萝	88.4	41	1.3	0.2	3	0.04	0.02	18	12	9	0.6
菠萝蜜	73.2	103	0.8	0.6	3	0.06	0.05	9	9	18	0.5
番石榴	83.9	41	5.9	0.4	—	0.02	0.05	68	13	16	0.2
桂圆	81.4	71	0.4	0.7	3	0.01	0.14	43	6	30	0.2
干桂圆	26.9	273	2.0	3.1	—	—	0.39	12	38	206	0.7

（以每 100g 可食部计 ）

成分 名称	水分 （g）	能量 （kcal）	膳食纤维 （g）	灰分 （g）	总 Vita （μgRE）	维生素 B₁ （mg）	维生素 B₂ （mg）	维生素 C （mg）	钙 （mg）	磷 （mg）	铁 （mg）
桂圆肉	17.7	313	2.0	3.2	—	0.04	1.03	27	39	120	3.9
荔枝	81.9	70	0.5	0.4	2	0.10	0.04	41	2	24	0.4
芒果	90.6	32	1.3	0.3	150	0.01	0.04	23	Tr	11	0.2
木瓜	92.2	27	0.8	0.3	145	0.01	0.02	43	17	12	0.2
人参果	77.1	80	3.5	0.4	8	Tr	0.25	12	13	7	0.2
香蕉	75.8	91	1.2	0.6	10	0.02	0.04	8	7	28	0.4
杨梅	92.0	28	1.0	0.3	7	0.01	0.05	9	14	8	1.0
杨桃	91.4	29	1.2	0.4	3	0.02	0.03	7	4	18	0.4
椰子	51.8	231	4.7	0.8	—	0.01	0.01	6	2	90	1.8
枇杷	89.3	39	0.8	0.4	—	0.01	0.03	8	17	8	1.1
橄榄	83.1	49	4.0	0.8	22	0.01	0.01	3	49	18	0.2
红毛丹	80.0	79	1.5	0.3	Tr	0.01	0.04	35.0	11	20	0.3
火龙果	84.8	51	2.0	0.6	Tr	0.03	0.02	3.0	0.14	35	0.3
榴莲	64.5	147	1.7	1.3	3	0.20	0.13	2.8	4	38	0.3
酸木瓜	87.8	35	—	0.6	Tr	0.02	0.01	106.0	20	11	0.8
山竹	81.2	69	1.5	0.2	Tr	0.08	0.02	1.2	11	9	0.3
香蕉（红）海南	77.1	82	1.8	0.8	6	0.02	0.02	4.9	9	17	0.2
香蕉（红）泰国	78.1	78	1.8	6	0.9	0.01	0.02	5.7	9	15	0.2
白兰瓜	93.2	21	0.8	0.8	7	0.02	0.03	14	24	13	0.9
哈蜜瓜	91.0	34	0.2	0.5	153	—	0.01	12	4	19	—
甜瓜	92.9	26	0.4	0.4	5	0.02	0.03	15	14	17	0.7
西瓜	93.3	25	0.3	0.2	75	0.02	0.03	6	8	9	0.3
小西瓜	92.1	29	0.4	0.3	10	0.02	0.02	2.0	6	9	0.2